这本书的主人是：

航天员 ____________________

献给我的家人和你的家人，我们同在一片蓝天下。——斯泰西·麦克诺蒂

献给我的家人，你们是我自己的小世界。——戴维·利奇菲尔德

献给土豚们。——地球

版权贸易合同登记号　图字：01-2024-3151

图书在版编目（CIP）数据

地球：蓝色星球 / (美) 斯泰西·麦克诺蒂著；(美) 戴维·利奇菲尔德绘；张泠译. -- 北京：电子工业出版社, 2024. 10. -- (我的星球朋友). -- ISBN 978-7-121-48762-0

Ⅰ. P183-49

中国国家版本馆CIP数据核字第2024JB9532号

审图号：GS京（2024）1994号
本书插图系原书插图。

责任编辑：耿春波
印　　刷：北京缤索印刷有限公司
装　　订：北京缤索印刷有限公司
出版发行：电子工业出版社
　　　　　北京市海淀区万寿路173信箱　邮编：100036
开　　本：889×1194　1/12　　印张：23.5　　字数：119千字
版　　次：2024年10月第1版
印　　次：2024年10月第1次印刷
定　　价：168.00元（全7册）

凡所购买电子工业出版社图书有缺损问题，请向购买书店调换。若书店售缺，请与本社发行部联系，联系及邮购电话：（010）88254888，88258888。

质量投诉请发邮件至zlts@phei.com.cn，盗版侵权举报请发邮件至dbqq@phei.com.cn。

本书咨询联系方式：（010）88254161转1868，gengchb@phei.com.cn。

地球

绝无仅有

［美］斯泰西·麦克诺蒂 / 著 ［美］戴维·利奇菲尔德 / 绘

张泠 / 译 大宝老师 / 审

蓝色星球

電子工業出版社
Publishing House of Electronics Industry
北京 · BEIJING

嗨！我是地球。
伟大的星球。
你们不可替代的家园。

我是太阳系中所有植物和动物的家。

当然也是你们82亿人类的家园。

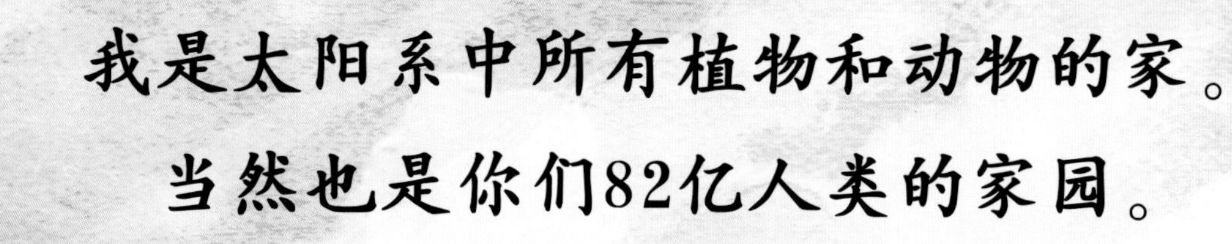

除了我这里，你们还想去哪儿生活呢？
你们还能在哪儿生活呢？

土星

我那七个兄弟姐妹，
适合你们吗？

天王星

火星吗？
太冷了吧。
（火星上的水都是冰冻的。）

海王星

木星
金星？
太热了吧。
（金星上所有的水都被蒸发了。）
水星
我，地球！
刚刚好。我的平均温度
约为17℃。

我成为完美的家园，除了因为有**氧气**、**水**和**冰激凌**，还有其他的原因：

我跟太阳的距离

约是1.5亿千米，这个距离非常理想，

让我的温度不太高，也不太低。

我拥有浩瀚的海洋。

海洋能吸收多余的热量，能制造氧气，而且海洋十分好玩。

当然还有我的大气。

这层气体毛毯温柔地包裹着你和我，就像美好的拥抱一样。

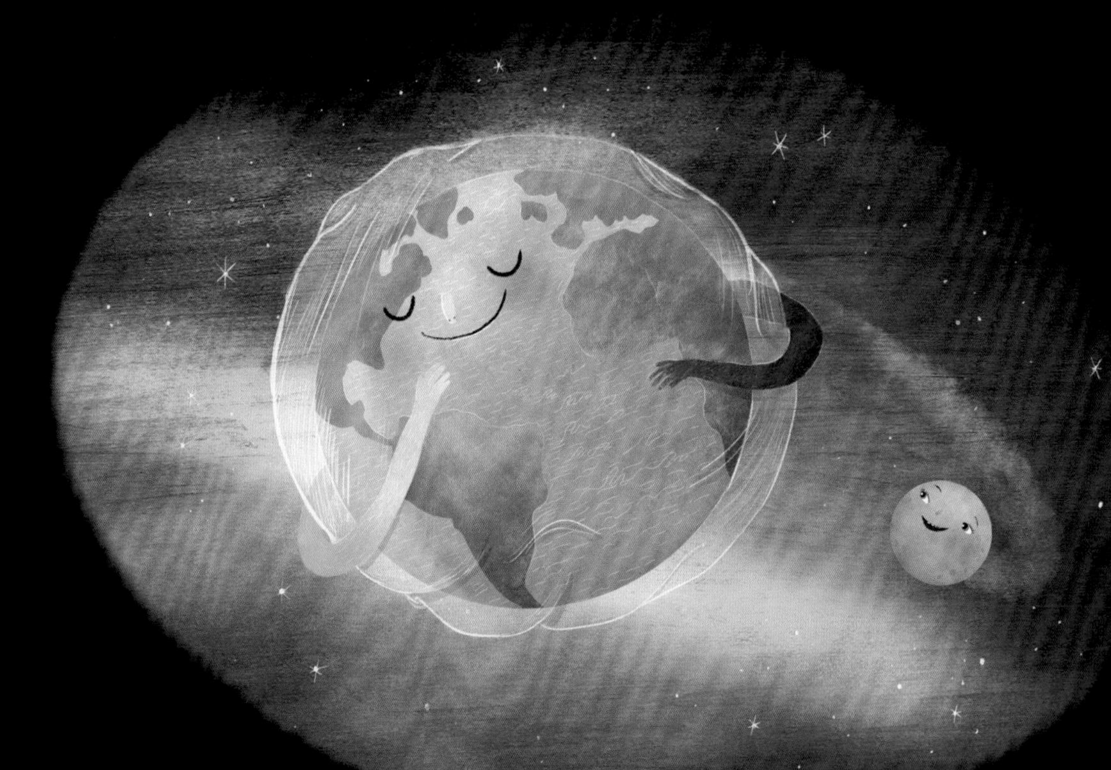

如果没有大气层，那我的**气候**就会变化无常，

动物和植物可就没好日子过喽！

（你也是动物，不要忘了！）

气候：面积比较大的一片地区在一段比较长的时间里（比如30年）随季节变化的天气情况。

气候跟天气不是一回事儿。

天气：某一个地方现在或者最近的天气情况。

气候的变迁非常、非常缓慢。
比如7亿年前，我是个巨大的
雪球，而那个状态持续了很
长、很长的时间。
再比如5500万年以前，我变得不再冰冻，
那个状态也持续了很长、很长的时间。
那时候，有些像鳄鱼一样的生物
生活在我的北极附近。

但是人类加剧了气候变化，我正在以非常快的速度变暖。
哎呀，糟糕！

人类有太多行为需要能量。

制造需要能量。

运输需要能量。

服务需要能量。

但有时候，能量会产生废水、

废料和废气。

我的大气越来越重，裹在身上很不舒服。
而且，这让我大汗淋漓！

冰山融化。

海平面上升。

有些地方被洪水淹没。

还有些地方变得干旱炎热。

哎呀呀!

实在是很糟糕。

天气变得极端。

热浪十分危险。

处处大麻烦。

当我遇到麻烦的时候，
你们人类也跟着遭殃。

虽然你们人类是我最喜欢的地球物种

（嘘，可别告诉土豚们哦），

但你们并不是生活在地球家园中的唯一物种。

对其他生物来讲，我保持适宜的气候也至关重要……

黑犀牛
蓝鲸
大白鲨
维护地球上的生态平衡，
让生物丰富多彩，是每个
人的责任！

不过，也有一个好消息！

现在，一切都还不算晚！

我们可以减少排放废气。

CO_2
CH_4
N_2O

有几种清洁能源我可以介绍给你们。

风能——顾名思义，就是利用空气流动产生的动能。

水能——就是水体的动能、势能、压力能等能量资源。

绿色能源——就是你们迈开双脚就可以得到的能源。

太阳能——从太阳辐射中获取的能源。

人们可以共享
很多东西，

可以减少新物品的
生产和购买，

可以利用旧物，

可以将废物有效
再利用。

给植物让出更多
的空间。
树木能净化空气，美化
环境，更能让我们躲避
炎热，放松身心。

Go!
地球
Go!
#1

太阳系里，我这样的星球，

独一无二。

有你的帮助，我才能

保持精彩。

人类需要我。

我也需要人类。

我们一直爱你，地球！

我希望如此！

PLANET AWESOME
Thank you Earth
WE ♥ EARTH
EARTH U ROCK

亲爱的同胞们：

我们的星球如此精彩，你怎能不热爱它？水、空气、食物、房子、书籍……一切的一切都是它提供的（或者说它为一切提供基本资源）。我们生活所需的物品和其他资源，都来自地球。如果我们要搬家到火星或者冥王星上去，就得随身带上所有家当，就连空气都得打包带走。正因如此，我们需要好好对待我们的星球——要保持它的大气和水源的清洁，绝不能把它的资源彻底耗尽。这确实不容易。但是，让我们一起努力，成为地球上有史以来最好的居民吧。

你忠实的朋友

斯泰西·麦克诺蒂

作家，自豪的地球居民

另： 科学家们一直在孜孜不倦地探索我们的星球。我们对地球、对宇宙的认知无时无刻不在更新。这非常不错，而且，这恰好证明我们人类变得越来越理性，也越来越有智慧了。

“数”说地球

8200000000——截至2024年，地球上的人口为82亿。

37.7℃——美国加利福尼亚州死亡谷是地球上温度最高的地方，那里的平均温度约为37.7℃。

-39.2℃——南极洲保持着最低温度的纪录。

14℃——20世纪地球的平均温度为14℃。

2.7℃——如果地球温度再上升2.7℃，那它将不再是人类和其他动物的舒适家园。

150000000——太阳和地球之间的距离约为1.5亿千米（这个数字会有细微变化），这个距离相当完美。

绝妙的大气层

一条大大的毛毯：地球被一层大气包裹着，这层大气让一部分太阳的光和热进入地球，同时阻止地球上的热能散发到太空中去。

主要成分：大气主要由氮气和氧气构成，其他气体有温室气体二氧化碳、甲烷、一氧化二氮等。这些温室气体所占空气的比例在一定百分比之下是没问题的，但是如果这个占比上升，哪怕只是一点点，都将对地球产生极大的影响。

二氧化碳排放：开车需要燃料，工厂、家庭、学校和农场都需要燃料，汽油、柴油、天然气等能源在使用时就会产生二氧化碳。

息息相关：大气中的二氧化碳浓度上升，地球上的平均温度就会上升。大气中的二氧化碳浓度下降，地球上的平均温度也会下降。

牛排放的气体：牛打嗝会排放甲烷，牛嗝比牛粪更成问题。因为甲烷对大气有害，会让地球变暖。

刚刚好：地球的平均温度对人类生存刚刚好。我们要重视二氧化碳和其他温室气体的排放量，控制这些气体的浓度，以应对全球变暖问题。

我们可以做什么

在家中尽量减少能源的浪费：用电、取暖、制冷都会消耗能源。我们可以及时关灯，及时拔掉电源，少用空调。

选择更环保的交通出行方式：汽车、飞机、火车、船舶，这些交通出行方式都会对环境产生污染。我们可以尽量选择绿色出行方式。

减少购买新物品：我们的玩具、衣服、电子产品都是工厂制造出来的，制造的过程中需要消耗许多能源。我们可以精简生活和工作中的物品，也可以购买二手物品支持旧物利用。

旧物赠送或者卖掉：有什么东西不想要了，最好不要直接扔到垃圾堆。将它们捐赠出去或者转卖，这些都是更好的选择。

多吃蔬菜和水果：肉类和其他动物产品（比如鸡蛋、奶酪、牛奶）对环境影响更大，而蔬菜、谷物和非动物产品对环境的影响要小得多。我们少吃一些肉，就能帮地球变得更健康。

持续学习：目前，影响地球环境的因素有很多，我们需要切实改变，找到应对这些问题的方法。让我们持续研究地球和气候，共同维护星球的健康，共建美好家园，共迎未来。